KB241475


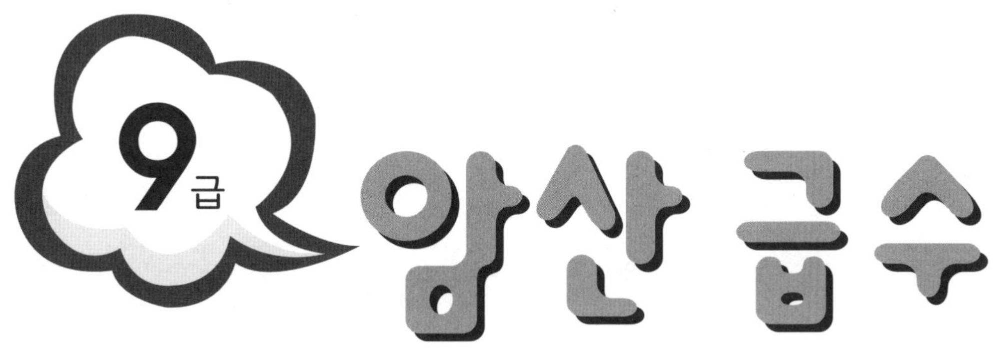

9급 암산 급수
대한암산수학연구소

걸린시간 : _____ 분 _____ 초

| 1 | 2 | 3 | 4 | 5 |
|---|---|---|---|---|
| 4 | 3 | 4 | 3 | 4 |
| 9 | 9 | 3 | 2 | 8 |
| 3 | 4 | 5 | 5 | 2 |
| 5 | 9 | 9 | 7 | 1 |
|   |   |   |   |   |

| 6 | 7 | 8 | 9 | 10 |
|---|---|---|---|---|
| 8 | 9 | 4 | 6 | 7 |
| 5 | 5 | 4 | 5 | 9 |
| 3 | 1 | 8 | 3 | 5 |
| 5 | 3 | 9 | 2 | 4 |
|   |   |   |   |   |

점수 · 확인

**제1회 가감암산 2교시**  제한시간 : 3분

걸린시간 : _____ 분 _____ 초

| 1 | 2 | 3 | 4 | 5 |
|---|---|---|---|---|
| 6 | 7 | 5 | 8 | 6 |
| 7 | −2 | 8 | 6 | 8 |
| −2 | 9 | −1 | −4 | −2 |
| 5 | 6 | 9 | 8 | 8 |
|  |  |  |  |  |

| 6 | 7 | 8 | 9 | 10 |
|---|---|---|---|---|
| 7 | 8 | 9 | 7 | 6 |
| −2 | −3 | −3 | 7 | −1 |
| 9 | 7 | 6 | −1 | 9 |
| 6 | 6 | 5 | 8 | 7 |
|  |  |  |  |  |

점수 　　　확인

걸린시간 : _____ 분 _____ 초

| 1 | 2 | 3 | 4 | 5 |
|---|---|---|---|---|
| 5 | 6 | 4 | 4 | 8 |
| 7 | 8 | 1 | 2 | 6 |
| 4 | − 2 | 9 | 6 | 4 |
| − 1 | 3 | − 3 | − 1 | − 7 |
|  |  |  |  |  |

| 6 | 7 | 8 | 9 | 10 |
|---|---|---|---|---|
| 3 | 9 | 6 | 6 | 8 |
| 2 | − 4 | 8 | 7 | 6 |
| 9 | 8 | 1 | − 2 | 3 |
| − 3 | 3 | − 5 | 4 | − 2 |
|  |  |  |  |  |

| 점수 |  | 확인 |  |
|---|---|---|---|

걸린시간 : _____ 분 _____ 초

| 1 | 2 | 3 | 4 | 5 |
|---|---|---|---|---|
| 6 | 4 | 3 | 6 | 8 |
| 5 | 3 | 8 | 3 | 5 |
| 4 | 8 | 4 | 5 | 2 |
| 2 | 4 | 5 | 1 | 5 |
|   |   |   |   |   |

| 6 | 7 | 8 | 9 | 10 |
|---|---|---|---|---|
| 3 | 8 | 9 | 6 | 5 |
| 9 | 3 | 2 | 3 | 4 |
| 4 | 3 | 3 | 5 | 5 |
| 9 | 1 | 2 | 3 | 1 |
|   |   |   |   |   |

점수

확인

걸린시간 : ______ 분 ______ 초

| 1 | 2 | 3 | 4 | 5 |
|---|---|---|---|---|
| 7 | 8 | 6 | 8 | 7 |
| 7 | 6 | 8 | 7 | 6 |
| − 3 | − 4 | − 2 | 9 | 9 |
| 5 | 7 | 7 | − 2 | − 1 |
|   |   |   |   |   |

| 6 | 7 | 8 | 9 | 10 |
|---|---|---|---|---|
| 7 | 6 | 8 | 8 | 5 |
| − 2 | − 1 | 6 | − 3 | 8 |
| 8 | 7 | 5 | 9 | − 2 |
| 7 | 8 | − 2 | 6 | 9 |
|   |   |   |   |   |

| 점수 |   | 확인 |   |
|---|---|---|---|

제2회
**가감암산** **3교시**

제한시간 : 3분

걸린시간 : _____ 분 _____ 초

| 1 | 2 | 3 | 4 | 5 |
|---|---|---|---|---|
| 4 | 5 | 6 | 8 | 4 |
| 3 | 7 | 8 | 6 | 1 |
| 6 | −1 | −1 | −3 | 9 |
| −2 | 4 | 2 | 4 | −2 |
|  |  |  |  |  |

| 6 | 7 | 8 | 9 | 10 |
|---|---|---|---|---|
| 4 | 7 | 5 | 7 | 9 |
| 3 | 6 | 9 | 6 | −5 |
| 7 | 2 | −3 | −1 | 1 |
| −3 | −5 | 4 | 3 | 9 |
|  |  |  |  |  |

| 점수 | | 확인 | |
|---|---|---|---|

걸린시간 : _____ 분 _____ 초

| 1 | 2 | 3 | 4 | 5 |
|---|---|---|---|---|
| 7 | 8 | 4 | 3 | 5 |
| 5 | 5 | 1 | 2 | 3 |
| 4 | 3 | 3 | 4 | 4 |
| 3 | 5 | 4 | 3 | 3 |
|   |   |   |   |   |

| 6 | 7 | 8 | 9 | 10 |
|---|---|---|---|---|
| 5 | 9 | 9 | 3 | 4 |
| 4 | 3 | 5 | 7 | 4 |
| 4 | 4 | 1 | 2 | 7 |
| 2 | 5 | 5 | 3 | 5 |
|   |   |   |   |   |

점수 확인

 **2교시** 제한시간 : 3분

걸린시간 : ______ 분 ______ 초

| 1 | 2 | 3 | 4 | 5 |
|---|---|---|---|---|
| 6 | 7 | 8 | 6 | 8 |
| −1 | −2 | 6 | 7 | 7 |
| 6 | 8 | −4 | −3 | 9 |
| 7 | 5 | 8 | 7 | −2 |
|  |  |  |  |  |

| 6 | 7 | 8 | 9 | 10 |
|---|---|---|---|---|
| 6 | 9 | 7 | 6 | 8 |
| 8 | 7 | 8 | 7 | 6 |
| −1 | −1 | 8 | 8 | −3 |
| 6 | 9 | −2 | −1 | 6 |
|  |  |  |  |  |

| 점수 | | 확인 | |
|---|---|---|---|

걸린시간 : _____ 분 _____ 초

| 1 | 2 | 3 | 4 | 5 |
|---|---|---|---|---|
| 6 | 7 | 5 | 8 | 9 |
| 7 | 6 | 9 | 6 | -3 |
| 4 | 3 | -2 | -1 | 8 |
| -2 | -1 | 4 | 2 | 1 |
|  |  |  |  |  |

| 6 | 7 | 8 | 9 | 10 |
|---|---|---|---|---|
| 6 | 7 | 8 | 6 | 4 |
| 8 | 7 | 6 | 7 | 3 |
| 4 | 2 | 1 | 3 | -2 |
| -6 | -1 | -5 | -1 | 9 |
|  |  |  |  |  |

<table>
<tr><td>점<br>수</td><td></td><td>확<br>인</td><td></td></tr>
</table>

걸린시간 : _____ 분 _____ 초

| 1 | 2 | 3 | 4 | 5 |
|---|---|---|---|---|
| 4 | 7 | 6 | 1 | 6 |
| 3 | 5 | 5 | 4 | 3 |
| 4 | 2 | 3 | 4 | 5 |
| 9 | 1 | 2 | 7 | 1 |
|   |   |   |   |   |

| 6 | 7 | 8 | 9 | 10 |
|---|---|---|---|----|
| 5 | 8 | 7 | 6 | 9 |
| 4 | 5 | 5 | 3 | 4 |
| 4 | 3 | 4 | 5 | 3 |
| 2 | 4 | 3 | 2 | 2 |
|   |   |   |   |   |

| 점수 | | 확인 | |
|---|---|---|---|

제한시간 : 3분

걸린시간 : _____ 분 _____ 초

| 1 | 2 | 3 | 4 | 5 |
|---|---|---|---|---|
| 7 | 6 | 9 | 8 | 5 |
| 6 | 9 | 6 | 6 | 9 |
| −3 | 7 | 8 | 5 | 5 |
| 4 | −2 | −2 | −3 | −8 |
|   |   |   |   |   |

| 6 | 7 | 8 | 9 | 10 |
|---|---|---|---|---|
| 3 | 9 | 8 | 6 | 7 |
| 5 | −3 | −3 | −1 | −2 |
| −2 | 8 | 9 | 9 | 6 |
| 7 | 6 | 8 | 8 | 9 |
|   |   |   |   |   |

| 점수 | | 확인 | |
|---|---|---|---|

**제4회 가감암산** **3교시** 제한시간 : 3분

걸린시간 : _____ 분 _____ 초

| 1 | 2 | 3 | 4 | 5 |
|---|---|---|---|---|
| 6 | 7 | 5 | 8 | 6 |
| 8 | 7 | 9 | 6 | 6 |
| −3 | −2 | −1 | 1 | −1 |
| 4 | 3 | 2 | −5 | 4 |
|  |  |  |  |  |

| 6 | 7 | 8 | 9 | 10 |
|---|---|---|---|---|
| 8 | 7 | 8 | 9 | 6 |
| −2 | −2 | 6 | −4 | 8 |
| 7 | 8 | −1 | 9 | −2 |
| 2 | 3 | 2 | 1 | 4 |
|  |  |  |  |  |

| 점수 |  | 확인 |  |
|---|---|---|---|

제한시간 : 3분

걸린시간 : _____ 분 _____ 초

| 1 | 2 | 3 | 4 | 5 |
|---|---|---|---|---|
| 7 | 6 | 7 | 8 | 6 |
| 5 | 5 | 4 | 3 | 3 |
| 3 | 3 | 4 | 3 | 5 |
| 5 | 1 | 3 | 2 | 1 |
|   |   |   |   |   |

| 6 | 7 | 8 | 9 | 10 |
|---|---|---|---|---|
| 4 | 3 | 4 | 5 | 7 |
| 3 | 2 | 1 | 4 | 1 |
| 2 | 3 | 5 | 3 | 4 |
| 6 | 9 | 8 | 4 | 3 |
|   |   |   |   |    |

| 점수 | | 확인 | |
|---|---|---|---|

## 제5회 가감암산 2교시

제한시간 : 3분

걸린시간 : _____ 분 _____ 초

| 1 | 2 | 3 | 4 | 5 |
|---|---|---|---|---|
| 8 | 7 | 5 | 5 | 5 |
| 6 | 6 | 9 | 8 | 6 |
| −4 | −1 | −4 | −1 | 7 |
| 6 | 7 | 6 | 8 | −3 |
|  |  |  |  |  |

| 6 | 7 | 8 | 9 | 10 |
|---|---|---|---|---|
| 6 | 7 | 8 | 7 | 6 |
| −1 | −2 | −3 | 6 | 8 |
| 7 | 9 | 8 | −3 | −4 |
| 9 | 8 | 7 | 6 | 9 |
|  |  |  |  |  |

| 점수 | | 확인 | |
|---|---|---|---|

걸린시간 : _____ 분 _____ 초

| 1 | 2 | 3 | 4 | 5 |
|---|---|---|---|---|
| 6 | 7 | 4 | 5 | 9 |
| 7 | 6 | 1 | 8 | −3 |
| −2 | −1 | 9 | −1 | 7 |
| 4 | 3 | −2 | 3 | 2 |
|  |  |  |  |  |

| 6 | 7 | 8 | 9 | 10 |
|---|---|---|---|---|
| 5 | 3 | 6 | 8 | 9 |
| 9 | 4 | 8 | 6 | −4 |
| −1 | 7 | 1 | −1 | 8 |
| 2 | −3 | −5 | 3 | 2 |
|  |  |  |  |  |

| 점수 |  | 확인 |  |
|---|---|---|---|

# 제6회 가암산 1교시



걸린시간 : _____ 분 _____ 초

| 1 | 2 | 3 | 4 | 5 |
|---|---|---|---|---|
| 3 | 7 | 4 | 8 | 7 |
| 9 | 4 | 5 | 4 | 6 |
| 3 | 4 | 5 | 3 | 2 |
| 5 | 5 | 1 | 2 | 4 |
| | | | | |

| 6 | 7 | 8 | 9 | 10 |
|---|---|---|---|---|
| 8 | 9 | 5 | 6 | 3 |
| 5 | 5 | 5 | 5 | 8 |
| 2 | 1 | 2 | 4 | 3 |
| 3 | 4 | 3 | 1 | 2 |
| | | | | |

| 점수 | | 확인 | |
|---|---|---|---|

걸린시간 : _______ 분 _______ 초

| 1 | 2 | 3 | 4 | 5 |
|---|---|---|---|---|
| 5 | 6 | 5 | 7 | 5 |
| 7 | 8 | 9 | 6 | 9 |
| 5 | $-3$ | 8 | $-2$ | 5 |
| $-2$ | 7 | $-1$ | 9 | $-4$ |
|  |  |  |  |  |

| 6 | 7 | 8 | 9 | 10 |
|---|---|---|---|---|
| 7 | 9 | 6 | 5 | 8 |
| 7 | $-4$ | 8 | 8 | 6 |
| $-3$ | 3 | $-2$ | $-2$ | $-2$ |
| 8 | 6 | 8 | 9 | 7 |
|  |  |  |  |  |

| 점수 |  | 확인 |  |
|---|---|---|---|

제6회
**가감암산** · **3교시**　　제한시간 : 3분

걸린시간 : _____ 분 _____ 초

| 1 | 2 | 3 | 4 | 5 |
|---|---|---|---|---|
| 5 | 5 | 6 | 7 | 8 |
| 8 | 9 | 8 | 7 | 6 |
| −2 | −2 | −1 | 1 | −2 |
| 4 | 3 | 2 | −5 | 3 |
|  |  |  |  |  |

| 6 | 7 | 8 | 9 | 10 |
|---|---|---|---|---|
| 7 | 8 | 8 | 7 | 2 |
| −2 | −5 | −3 | −2 | 3 |
| 9 | 4 | 9 | 6 | 6 |
| 1 | 7 | 2 | 4 | −1 |
|  |  |  |  |  |

점수　　확인

걸린시간 : _____ 분 _____ 초

| 1 | 2 | 3 | 4 | 5 |
|---|---|---|---|---|
| 7 | 6 | 9 | 4 | 3 |
| 4 | 5 | 5 | 3 | 4 |
| 2 | 4 | 1 | 5 | 9 |
| 2 | 3 | 4 | 7 | 4 |
|   |   |   |   |   |

| 6 | 7 | 8 | 9 | 10 |
|---|---|---|---|---|
| 5 | 9 | 2 | 7 | 3 |
| 4 | 4 | 4 | 2 | 9 |
| 3 | 2 | 5 | 5 | 3 |
| 3 | 5 | 7 | 1 | 5 |
|   |   |   |   |   |

점수 [ ] 확인 [ ]

제7회
**가감암산** | **2교시** | 제한시간 : 3분

걸린시간 : _____ 분 _____ 초

| 1 | 2 | 3 | 4 | 5 |
|---|---|---|---|---|
| 6 | 7 | 8 | 5 | 8 |
| 7 | −2 | −3 | 3 | −3 |
| −2 | 8 | 6 | 6 | 9 |
| 9 | 6 | 7 | −4 | 7 |
|  |  |  |  |  |

| 6 | 7 | 8 | 9 | 10 |
|---|---|---|---|---|
| 9 | 5 | 5 | 5 | 7 |
| 7 | 8 | 9 | 7 | −2 |
| −1 | −2 | 5 | 9 | 7 |
| 6 | 7 | −4 | −1 | 8 |
|  |  |  |  |  |

점수 | 확인

**제한시간 : 3분**

걸린시간 : _____ 분 _____ 초

| 1 | 2 | 3 | 4 | 5 |
|---|---|---|---|---|
| 7 | 6 | 8 | 7 | 8 |
| 6 | 7 | −3 | −2 | 6 |
| −1 | −1 | 9 | 8 | −1 |
| 3 | 4 | 1 | 2 | 3 |
|  |  |  |  |  |

| 6 | 7 | 8 | 9 | 10 |
|---|---|---|---|---|
| 6 | 7 | 8 | 5 | 8 |
| 8 | 7 | 6 | 9 | −3 |
| 1 | −1 | 4 | 2 | 7 |
| −5 | 4 | −8 | −6 | 3 |
|  |  |  |  |  |

| 점수 |  | 확인 |  |
|---|---|---|---|

걸린시간 : _____ 분 _____ 초

| 1 | 2 | 3 | 4 | 5 |
|---|---|---|---|---|
| 4 | 4 | 3 | 2 | 1 |
| 4 | 3 | 6 | 9 | 7 |
| 5 | 5 | 5 | 3 | 3 |
| 9 | 8 | 1 | 2 | 4 |
|   |   |   |   |   |

| 6 | 7 | 8 | 9 | 10 |
|---|---|---|---|---|
| 5 | 9 | 8 | 6 | 8 |
| 4 | 4 | 9 | 3 | 4 |
| 2 | 2 | 5 | 5 | 3 |
| 4 | 5 | 3 | 1 | 2 |
|   |   |   |   |   |

점수 | 확인

걸린시간 : _____ 분 _____ 초

| 1 | 2 | 3 | 4 | 5 |
|---|---|---|---|---|
| 6 | 5 | 5 | 7 | 7 |
| 7 | 3 | 3 | 6 | −2 |
| −2 | 6 | −2 | 5 | 9 |
| 9 | −1 | 8 | −7 | 6 |
|  |  |  |  |  |

| 6 | 7 | 8 | 9 | 10 |
|---|---|---|---|---|
| 8 | 6 | 6 | 4 | 7 |
| 6 | 8 | 9 | 5 | 9 |
| −2 | −1 | 7 | −3 | −1 |
| 7 | 9 | −2 | 7 | 9 |
|  |  |  |  |  |

점수 □   확인 □

걸린시간 : _____ 분 _____ 초

| 1 | 2 | 3 | 4 | 5 |
|---|---|---|---|---|
| 7 | 4 | 6 | 8 | 8 |
| −2 | 3 | −1 | −3 | 6 |
| 9 | 7 | 8 | 9 | −2 |
| 1 | −3 | 2 | 1 | 4 |
|  |  |  |  |  |

| 6 | 7 | 8 | 9 | 10 |
|---|---|---|---|---|
| 5 | 7 | 9 | 6 | 7 |
| 8 | 6 | −3 | −1 | 7 |
| 4 | −1 | 7 | 9 | −3 |
| −6 | 3 | 2 | 3 | 4 |
|  |  |  |  |  |

점수    확인

제한시간 : 3분

걸린시간 : _____ 분 _____ 초

| 1 | 2 | 3 | 4 | 5 |
|---|---|---|---|---|
| 4 | 3 | 2 | 5 | 7 |
| 9 | 8 | 4 | 5 | 4 |
| 3 | 4 | 9 | 4 | 3 |
| 5 | 2 | 5 | 1 | 2 |
|   |   |   |   |   |

| 6 | 7 | 8 | 9 | 10 |
|---|---|---|---|---|
| 6 | 8 | 7 | 8 | 9 |
| 4 | 3 | 5 | 4 | 2 |
| 4 | 3 | 3 | 2 | 2 |
| 2 | 4 | 4 | 1 | 4 |
|   |   |   |   |   |

| 점수 |   | 확인 |   |
|---|---|---|---|

걸린시간 : _____ 분 _____ 초

| 1 | 2 | 3 | 4 | 5 |
|---|---|---|---|---|
| 5 | 5 | 7 | 9 | 6 |
| 6 | 3 | −2 | −4 | 9 |
| 7 | 6 | 9 | 7 | 8 |
| −8 | −2 | 8 | 7 | −1 |
|  |  |  |  |  |

| 6 | 7 | 8 | 9 | 10 |
|---|---|---|---|---|
| 6 | 7 | 8 | 9 | 6 |
| 8 | 9 | 7 | −4 | −1 |
| −3 | 6 | 9 | 7 | 8 |
| 7 | −1 | −1 | 9 | 7 |
|  |  |  |  |  |

점수 □  확인 □

걸린시간 : _____ 분 _____ 초

| 1 | 2 | 3 | 4 | 5 |
|---|---|---|---|---|
| 5 | 6 | 3 | 4 | 6 |
| 7 | 6 | 2 | 1 | 8 |
| 4 | −1 | 9 | 8 | −2 |
| −5 | 4 | −2 | −2 | 3 |
|  |  |  |  |  |

| 6 | 7 | 8 | 9 | 10 |
|---|---|---|---|---|
| 8 | 9 | 7 | 8 | 6 |
| −2 | −4 | 6 | −3 | 7 |
| 7 | 8 | −1 | 9 | −1 |
| 4 | 2 | 3 | 1 | 3 |
|  |  |  |  |  |

점수
확인

걸린시간 : _____ 분 _____ 초

| 1 | 2 | 3 | 4 | 5 |
|---|---|---|---|---|
| 7 | 6 | 4 | 6 | 5 |
| 5 | 2 | 1 | 3 | 3 |
| 3 | 5 | 5 | 5 | 5 |
| 4 | 4 | 8 | 2 | 4 |
|   |   |   |   |   |

| 6 | 7 | 8 | 9 | 10 |
|---|---|---|---|---|
| 8 | 9 | 7 | 6 | 4 |
| 9 | 4 | 4 | 5 | 3 |
| 5 | 2 | 3 | 3 | 9 |
| 3 | 5 | 1 | 4 | 4 |
|   |   |   |   |   |

점수　　　확인

걸린시간 : _____ 분 _____ 초

| 1 | 2 | 3 | 4 | 5 |
|---|---|---|---|---|
| 6 | 9 | 8 | 6 | 6 |
| −1 | −4 | −3 | 8 | 9 |
| 7 | 6 | 9 | −2 | 9 |
| 9 | 3 | 5 | 6 | −4 |
|  |  |  |  |  |

| 6 | 7 | 8 | 9 | 10 |
|---|---|---|---|---|
| 5 | 6 | 8 | 4 | 5 |
| 7 | −1 | −3 | 5 | 3 |
| −1 | 8 | 7 | −3 | −2 |
| 8 | 9 | 9 | 8 | 8 |
|  |  |  |  |  |

| 점수 |  | 확인 |  |
|---|---|---|---|

제10회
**가감암산** **3교시**

제한시간 : 3분

걸린시간 : _____ 분 _____ 초

| 1 | 2 | 3 | 4 | 5 |
|---|---|---|---|---|
| 6 | 6 | 3 | 8 | 6 |
| 7 | 7 | 2 | 6 | 8 |
| 3 | 4 | 9 | 1 | − 2 |
| − 1 | − 5 | − 2 | − 5 | 3 |
|  |  |  |  |  |

| 6 | 7 | 8 | 9 | 10 |
|---|---|---|---|---|
| 8 | 5 | 4 | 9 | 5 |
| 6 | 9 | 1 | − 2 | 8 |
| 3 | 4 | 8 | 7 | 4 |
| − 7 | − 3 | − 2 | 2 | − 6 |
|  |  |  |  |  |

| 점수 |  | 확인 |  |
|---|---|---|---|

걸린시간 : _____ 분 _____ 초

| 1 | 2 | 3 | 4 | 5 |
|---|---|---|---|---|
| 4 | 3 | 5 | 6 | 8 |
| 8 | 6 | 4 | 5 | 3 |
| 4 | 5 | 2 | 3 | 3 |
| 5 | 3 | 4 | 1 | 2 |
|   |   |   |   |   |

| 6 | 7 | 8 | 9 | 10 |
|---|---|---|---|---|
| 7 | 9 | 3 | 2 | 6 |
| 5 | 8 | 2 | 9 | 4 |
| 4 | 5 | 4 | 3 | 4 |
| 2 | 3 | 8 | 1 | 3 |
|   |   |   |   |   |

점수 |  | 확인 |

제11회 **가감암산** **2교시** 제한시간 : 3분

걸린시간 : _____ 분 _____ 초

| 1 | 2 | 3 | 4 | 5 |
|---|---|---|---|---|
| 5 | 7 | 5 | 6 | 3 |
| 3 | − 2 | 8 | 7 | 5 |
| 6 | 1 | 6 | − 2 | − 3 |
| − 4 | 8 | − 7 | 9 | 9 |
| | | | | |

| 6 | 7 | 8 | 9 | 10 |
|---|---|---|---|---|
| 8 | 7 | 9 | 6 | 4 |
| 6 | 9 | 8 | 6 | 2 |
| 5 | − 1 | − 2 | 7 | 8 |
| − 2 | 9 | 7 | − 4 | − 1 |
| | | | | |

점수    확인

걸린시간 : _____ 분 _____ 초

| 1 | 2 | 3 | 4 | 5 |
|---|---|---|---|---|
| 8 | 6 | 4 | 5 | 7 |
| 6 | 8 | 3 | 9 | 6 |
| 4 | -2 | 6 | 2 | 4 |
| -7 | 3 | -1 | -1 | -5 |
|  |  |  |  |  |

| 6 | 7 | 8 | 9 | 10 |
|---|---|---|---|---|
| 3 | 9 | 6 | 5 | 8 |
| 3 | -4 | 8 | 9 | -3 |
| 7 | 8 | 1 | 3 | 6 |
| -1 | 2 | -5 | -2 | 4 |
|  |  |  |  |  |

점수　확인

# 제12회 가암산 | 1교시

제한시간 : 3분

걸린시간 : _____ 분 _____ 초

| 1 | 2 | 3 | 4 | 5 |
|---|---|---|---|---|
| 4 | 5 | 8 | 7 | 6 |
| 4 | 4 | 4 | 5 | 5 |
| 8 | 5 | 3 | 3 | 3 |
| 9 | 2 | 4 | 4 | 1 |
|   |   |   |   |   |

| 6 | 7 | 8 | 9 | 10 |
|---|---|---|---|---|
| 3 | 9 | 7 | 6 | 8 |
| 4 | 4 | 5 | 2 | 4 |
| 5 | 2 | 2 | 3 | 4 |
| 8 | 5 | 1 | 4 | 5 |
|   |   |   |   |   |

점수 | 확인

걸린시간 : _____ 분 _____ 초

| 1 | 2 | 3 | 4 | 5 |
|---|---|---|---|---|
| 6 | 5 | 5 | 7 | 6 |
| 8 | 3 | 2 | −2 | −1 |
| −2 | 6 | 7 | 9 | 6 |
| 7 | −2 | −4 | 5 | 7 |
|  |  |  |  |  |

| 6 | 7 | 8 | 9 | 10 |
|---|---|---|---|---|
| 7 | 8 | 9 | 8 | 9 |
| −2 | 9 | 7 | 6 | −4 |
| 3 | 7 | 8 | −1 | 9 |
| 6 | −2 | −3 | 6 | 6 |
|  |  |  |  |  |

| 점수 | | 확인 | |

제12회
가감암산 **3교시**

제한시간 : 3분

걸린시간 : _____ 분 _____ 초

| 1 | 2 | 3 | 4 | 5 |
|---|---|---|---|---|
| 3 | 4 | 9 | 6 | 5 |
| 4 | 3 | −5 | 8 | 9 |
| 6 | 7 | 1 | 2 | 1 |
| −2 | −3 | 8 | −1 | −5 |
|  |  |  |  |  |

| 6 | 7 | 8 | 9 | 10 |
|---|---|---|---|---|
| 7 | 7 | 9 | 8 | 2 |
| 6 | −6 | −3 | −5 | 4 |
| 3 | 4 | 8 | 4 | −1 |
| −1 | 9 | 2 | 7 | 9 |
|  |  |  |  |  |

점수    확인

걸린시간 : _____ 분 _____ 초

| 1 | 2 | 3 | 4 | 5 |
|---|---|---|---|---|
| 2 | 3 | 4 | 1 | 6 |
| 3 | 2 | 8 | 8 | 5 |
| 4 | 4 | 4 | 5 | 4 |
| 5 | 4 | 5 | 3 | 2 |
|   |   |   |   |   |

| 6 | 7 | 8 | 9 | 10 |
|---|---|---|---|---|
| 5 | 8 | 9 | 7 | 7 |
| 4 | 3 | 4 | 2 | 5 |
| 3 | 4 | 2 | 5 | 3 |
| 3 | 2 | 5 | 1 | 2 |
|   |   |   |   |   |

| 점수 | | 확인 | |
|---|---|---|---|

## 2교시

제한시간 : 3분

걸린시간 : _____ 분 _____ 초

| 1 | 2 | 3 | 4 | 5 |
|---|---|---|---|---|
| 5 | 3 | 7 | 1 | 5 |
| 4 | 5 | 7 | 8 | 9 |
| −3 | −2 | −4 | −3 | −2 |
| 7 | 6 | 3 | 8 | 7 |
|   |   |   |   |   |

| 6 | 7 | 8 | 9 | 10 |
|---|---|---|---|---|
| 5 | 7 | 7 | 6 | 5 |
| 8 | 6 | 8 | 2 | 8 |
| 8 | −2 | 9 | 6 | −3 |
| −1 | 9 | −3 | −3 | 7 |
|   |   |   |   |   |

| 점수 |  | 확인 |  |
|---|---|---|---|

걸린시간 : _____ 분 _____ 초

| 1 | 2 | 3 | 4 | 5 |
|---|---|---|---|---|
| 2 | 3 | 5 | 6 | 4 |
| 4 | 2 | 7 | 8 | 1 |
| 6 | 8 | 3 | 1 | 9 |
| −1 | −2 | −5 | −5 | −3 |
|  |  |  |  |  |

| 6 | 7 | 8 | 9 | 10 |
|---|---|---|---|---|
| 8 | 9 | 6 | 7 | 6 |
| −6 | −5 | 7 | 6 | 8 |
| 3 | 2 | −1 | 4 | 2 |
| 9 | 7 | 3 | −2 | −5 |
|  |  |  |  |  |

| 점수 | | 확인 | |
|---|---|---|---|

걸린시간 : _____ 분 _____ 초

| 1 | 2 | 3 | 4 | 5 |
|---|---|---|---|---|
| 3 | 5 | 4 | 6 | 7 |
| 6 | 3 | 8 | 5 | 4 |
| 5 | 4 | 9 | 3 | 3 |
| 4 | 3 | 4 | 2 | 1 |
|   |   |   |   |   |

| 6 | 7 | 8 | 9 | 10 |
|---|---|---|---|---|
| 2 | 8 | 9 | 4 | 7 |
| 4 | 5 | 5 | 3 | 5 |
| 9 | 9 | 2 | 4 | 2 |
| 3 | 3 | 3 | 9 | 1 |
|   |   |   |   |   |

| 점수 | | 확인 | |
|---|---|---|---|

걸린시간 : _____ 분 _____ 초

| 1 | 2 | 3 | 4 | 5 |
|---|---|---|---|---|
| 7 | 6 | 6 | 2 | 8 |
| −2 | −1 | −1 | 5 | −2 |
| 7 | 8 | 9 | 6 | 8 |
| 8 | 6 | 8 | −3 | 6 |
|  |  |  |  |  |

| 6 | 7 | 8 | 9 | 10 |
|---|---|---|---|---|
| 5 | 8 | 9 | 7 | 8 |
| 9 | 6 | −4 | 6 | 6 |
| 7 | 5 | 7 | 9 | 7 |
| −1 | −7 | 6 | −2 | −1 |
|  |  |  |  |  |

점수 ☐　확인 ☐

**제14회 가감암산** **3교시**   제한시간 : 3분

걸린시간 : _____ 분 _____ 초

| 1 | 2 | 3 | 4 | 5 |
|---|---|---|---|---|
| 9 | 6 | 3 | 7 | 5 |
| -4 | 8 | 4 | 6 | 9 |
| 7 | 2 | 7 | -2 | 1 |
| 3 | -6 | -3 | 4 | -5 |
|  |  |  |  |  |

| 6 | 7 | 8 | 9 | 10 |
|---|---|---|---|---|
| 9 | 8 | 4 | 6 | 5 |
| -7 | -2 | 2 | 6 | 9 |
| 3 | 8 | 7 | 4 | -2 |
| 6 | 1 | -1 | -5 | 3 |
|  |  |  |  |  |

점수 ☐    확인 ☐

걸린시간 : _____ 분 _____ 초

| 1 | 2 | 3 | 4 | 5 |
|---|---|---|---|---|
| 5 | 4 | 7 | 3 | 6 |
| 3 | 2 | 5 | 6 | 3 |
| 3 | 4 | 2 | 5 | 5 |
| 4 | 7 | 1 | 1 | 3 |
|   |   |   |   |   |

| 6 | 7 | 8 | 9 | 10 |
|---|---|---|---|---|
| 7 | 9 | 8 | 4 | 8 |
| 5 | 5 | 4 | 9 | 9 |
| 4 | 4 | 3 | 2 | 5 |
| 2 | 7 | 1 | 5 | 3 |
|   |   |   |   |   |

| 점수 |  | 확인 |  |
|---|---|---|---|

**제15회 가감암산** **2교시** 제한시간 : 3분

걸린시간 : _____ 분 _____ 초

| 1 | 2 | 3 | 4 | 5 |
|---|---|---|---|---|
| 6 | 4 | 5 | 9 | 7 |
| −1 | −2 | 8 | 6 | 8 |
| 7 | 5 | 9 | 9 | 9 |
| 8 | 6 | −2 | −4 | −2 |
|  |  |  |  |  |

| 6 | 7 | 8 | 9 | 10 |
|---|---|---|---|---|
| 8 | 3 | 7 | 8 | 6 |
| 9 | 5 | 9 | 6 | 8 |
| −2 | −2 | −1 | −3 | 5 |
| 7 | 8 | 6 | 6 | −2 |
|  |  |  |  |  |

점수 ☐  확인 ☐

# 3교시

제한시간 : 3분

걸린시간 : _____ 분 _____ 초

| 1 | 2 | 3 | 4 | 5 |
|---|---|---|---|---|
| 7 | 4 | 2 | 5 | 5 |
| -2 | 4 | 3 | 8 | 9 |
| 6 | -2 | 9 | 2 | 1 |
| 4 | 6 | -3 | -5 | -5 |
|  |  |  |  |  |

| 6 | 7 | 8 | 9 | 10 |
|---|---|---|---|---|
| 6 | 5 | 7 | 9 | 7 |
| 7 | 9 | -2 | -2 | 7 |
| 3 | 2 | 8 | 7 | 4 |
| -1 | -1 | 3 | 1 | -5 |
|  |  |  |  |  |

| 점수 |  |
|---|---|
| 확인 |  |

# 제16회 가암산 1교시



걸린시간 : _____ 분 _____ 초

| 1 | 2 | 3 | 4 | 5 |
|---|---|---|---|---|
| 3 | 4 | 7 | 6 | 8 |
| 4 | 7 | 2 | 3 | 5 |
| 5 | 4 | 5 | 5 | 2 |
| 8 | 3 | 1 | 3 | 4 |
|   |   |   |   |   |

| 6 | 7 | 8 | 9 | 10 |
|---|---|---|---|---|
| 5 | 9 | 7 | 8 | 6 |
| 4 | 4 | 5 | 5 | 5 |
| 5 | 2 | 3 | 3 | 3 |
| 1 | 3 | 5 | 9 | 2 |
|   |   |   |   |   |

점수 / 확인

걸린시간 : _____ 분 _____ 초

| 1 | 2 | 3 | 4 | 5 |
|---|---|---|---|---|
| 5 | 7 | 5 | 9 | 8 |
| 9 | 7 | 7 | 7 | −3 |
| −4 | −2 | 6 | −1 | 8 |
| 8 | 6 | −3 | 6 | 7 |
|  |  |  |  |  |

| 6 | 7 | 8 | 9 | 10 |
|---|---|---|---|---|
| 7 | 4 | 9 | 6 | 8 |
| −2 | 5 | −4 | −1 | −3 |
| 6 | −3 | 7 | 9 | 9 |
| 2 | 8 | 8 | 8 | 6 |
|  |  |  |  |  |

점수　　　확인

걸린시간 : _____ 분 _____ 초

| 1 | 2 | 3 | 4 | 5 |
|---|---|---|---|---|
| 3 | 6 | 9 | 6 | 4 |
| 4 | 8 | −3 | 7 | 1 |
| 6 | 4 | 8 | 2 | 9 |
| −3 | −7 | 1 | −5 | −3 |
|   |   |   |   |   |

| 6 | 7 | 8 | 9 | 10 |
|---|---|---|---|---|
| 5 | 2 | 8 | 6 | 5 |
| 8 | 3 | 6 | 7 | 9 |
| 3 | 7 | −3 | 2 | −2 |
| −5 | −1 | 4 | −5 | 3 |
|   |   |   |   |   |

점수 　　　　 확인 　　　　

걸린시간 : _____ 분 _____ 초

| 1 | 2 | 3 | 4 | 5 |
|---|---|---|---|---|
| 4 | 3 | 6 | 4 | 5 |
| 2 | 8 | 3 | 3 | 2 |
| 5 | 4 | 5 | 8 | 4 |
| 7 | 5 | 1 | 5 | 4 |
|   |   |   |   |   |

| 6 | 7 | 8 | 9 | 10 |
|---|---|---|---|----|
| 8 | 7 | 4 | 7 | 2 |
| 9 | 5 | 3 | 2 | 4 |
| 5 | 2 | 9 | 5 | 5 |
| 3 | 1 | 5 | 2 | 7 |
|   |   |   |   |   |

점수    확인

**제17회 가감암산** **2교시**  제한시간 : 3분

걸린시간 : _____ 분 _____ 초

| 1 | 2 | 3 | 4 | 5 |
|---|---|---|---|---|
| 8 | 7 | 5 | 6 | 7 |
| 8 | 6 | 9 | −1 | −2 |
| −1 | −2 | −4 | 8 | 6 |
| 7 | 9 | 3 | 6 | 3 |
|   |   |   |   |   |

| 6 | 7 | 8 | 9 | 10 |
|---|---|---|---|---|
| 8 | 9 | 7 | 5 | 7 |
| −3 | 6 | 6 | 9 | 9 |
| 2 | 8 | 6 | 5 | −1 |
| 7 | −2 | −3 | −4 | 8 |
|   |   |   |   |   |

점수 ___  확인 ___

걸린시간 : _____ 분 _____ 초

| 1 | 2 | 3 | 4 | 5 |
|---|---|---|---|---|
| 6 | 6 | 3 | 8 | 5 |
| 6 | 8 | 2 | 6 | 7 |
| 4 | -1 | 9 | 1 | -1 |
| -1 | 3 | -4 | -5 | 4 |
|  |  |  |  |  |

| 6 | 7 | 8 | 9 | 10 |
|---|---|---|---|---|
| 9 | 7 | 8 | 5 | 4 |
| -5 | 7 | -2 | 9 | 3 |
| 3 | -1 | 8 | 4 | -2 |
| 7 | 2 | 1 | -7 | 8 |
|  |  |  |  |  |

점수 　 확인

걸린시간 : _____ 분 _____ 초

| 1 | 2 | 3 | 4 | 5 |
|---|---|---|---|---|
| 6 | 4 | 3 | 5 | 2 |
| 3 | 3 | 2 | 4 | 7 |
| 5 | 5 | 4 | 5 | 5 |
| 2 | 4 | 8 | 3 | 1 |
|   |   |   |   |   |

| 6 | 7 | 8 | 9 | 10 |
|---|---|---|---|---|
| 7 | 8 | 2 | 9 | 9 |
| 5 | 5 | 7 | 5 | 5 |
| 9 | 3 | 4 | 1 | 3 |
| 4 | 4 | 2 | 4 | 4 |
|   |   |   |   |   |

점수 □    확인 □

걸린시간 : _______ 분 _______ 초

| 1 | 2 | 3 | 4 | 5 |
|---|---|---|---|---|
| 3 | 4 | 6 | 9 | 8 |
| 5 | 5 | − 1 | 7 | − 3 |
| 6 | − 3 | 7 | − 1 | 2 |
| − 4 | 8 | 7 | 6 | 7 |
|  |  |  |  |  |

| 6 | 7 | 8 | 9 | 10 |
|---|---|---|---|---|
| 7 | 5 | 9 | 8 | 6 |
| 8 | 8 | − 4 | 7 | 6 |
| 9 | 6 | 9 | 6 | 7 |
| − 2 | − 3 | 8 | − 1 | − 4 |
|  |  |  |  |  |

점수　　　확인

제18회 **가감암산** **3교시** 제한시간 : 3분

걸린시간 : _____ 분 _____ 초

| 1 | 2 | 3 | 4 | 5 |
|---|---|---|---|---|
| 3 | 4 | 8 | 5 | 7 |
| 4 | 2 | 6 | 7 | 7 |
| 6 | 8 | −2 | 3 | 1 |
| −2 | −1 | 3 | −5 | −5 |
|  |  |  |  |  |

| 6 | 7 | 8 | 9 | 10 |
|---|---|---|---|---|
| 5 | 9 | 7 | 5 | 8 |
| 9 | −2 | −2 | 8 | 6 |
| 4 | 6 | 9 | 4 | 2 |
| −5 | 2 | 1 | −6 | −1 |
|  |  |  |  |  |

점수

확인

걸린시간 : _____ 분 _____ 초

| 1 | 2 | 3 | 4 | 5 |
|---|---|---|---|---|
| 3 | 4 | 6 | 5 | 4 |
| 8 | 3 | 5 | 4 | 2 |
| 4 | 9 | 2 | 5 | 3 |
| 3 | 5 | 3 | 1 | 6 |
|   |   |   |   |   |

| 6 | 7 | 8 | 9 | 10 |
|---|---|---|---|----|
| 7 | 8 | 9 | 4 | 7 |
| 4 | 4 | 5 | 7 | 7 |
| 2 | 2 | 2 | 3 | 1 |
| 3 | 1 | 9 | 4 | 5 |
|   |   |   |   |   |

점수   확인

대한 암산 수학 연구소

제한시간 : 3분

걸린시간 : _____ 분 _____ 초

| 1 | 2 | 3 | 4 | 5 |
|---|---|---|---|---|
| 9 | 8 | 7 | 8 | 6 |
| 7 | − 3 | − 2 | 8 | − 1 |
| − 1 | 7 | 8 | − 1 | 7 |
| 9 | 7 | 8 | 6 | 8 |
|  |  |  |  |  |

| 6 | 7 | 8 | 9 | 10 |
|---|---|---|---|---|
| 5 | 6 | 6 | 8 | 7 |
| 9 | 8 | − 1 | 7 | − 2 |
| − 1 | − 2 | 7 | 6 | 6 |
| 6 | 9 | 6 | − 1 | 3 |
|  |  |  |  |  |

점수    확인

걸린시간 : ______ 분 ______ 초

| 1 | 2 | 3 | 4 | 5 |
|---|---|---|---|---|
| 5 | 2 | 9 | 4 | 5 |
| 8 | 4 | −4 | −2 | 7 |
| −1 | −1 | 8 | 3 | −1 |
| 3 | 6 | 2 | 9 | 4 |
|  |  |  |  |  |

| 6 | 7 | 8 | 9 | 10 |
|---|---|---|---|---|
| 6 | 8 | 5 | 7 | 8 |
| 7 | 6 | 9 | 7 | −3 |
| 2 | 1 | 3 | −2 | 9 |
| −5 | −5 | −6 | 4 | 1 |
|  |  |  |  |  |

점수　　확인

제20회
가암산

# 1교시

제한시간 : 3분

걸린시간 : _____ 분 _____ 초

| 1 | 2 | 3 | 4 | 5 |
|---|---|---|---|---|
| 7 | 9 | 6 | 5 | 4 |
| 5 | 3 | 5 | 4 | 1 |
| 3 | 4 | 3 | 5 | 5 |
| 4 | 5 | 1 | 2 | 3 |
| | | | | |

| 6 | 7 | 8 | 9 | 10 |
|---|---|---|---|---|
| 2 | 3 | 8 | 7 | 9 |
| 4 | 2 | 3 | 2 | 5 |
| 9 | 4 | 4 | 3 | 3 |
| 4 | 7 | 2 | 3 | 4 |
| | | | | |

| 점수 | | 확인 | |
|---|---|---|---|

## 2교시

제한시간 : 3분

걸린시간 : _____ 분 _____ 초

| 1 | 2 | 3 | 4 | 5 |
|---|---|---|---|---|
| 7 | 8 | 6 | 9 | 8 |
| −2 | −3 | −1 | 7 | 9 |
| 7 | 6 | 9 | −1 | −2 |
| 9 | 8 | 6 | 7 | 8 |
|  |  |  |  |  |

| 6 | 7 | 8 | 9 | 10 |
|---|---|---|---|---|
| 5 | 7 | 5 | 5 | 5 |
| 9 | −6 | 8 | 6 | 3 |
| 5 | 5 | 5 | 7 | −2 |
| −2 | 8 | −3 | −3 | 7 |
|  |  |  |  |  |

| 점수 | | 확인 | |
|---|---|---|---|

걸린시간 : _____ 분 _____ 초

| 1 | 2 | 3 | 4 | 5 |
|---|---|---|---|---|
| 6 | 7 | 5 | 5 | 8 |
| 8 | 7 | 9 | 7 | 6 |
| 1 | 4 | 2 | 3 | −1 |
| −5 | −6 | −1 | −5 | 2 |
|  |  |  |  |  |

| 6 | 7 | 8 | 9 | 10 |
|---|---|---|---|---|
| 9 | 7 | 8 | 2 | 4 |
| −2 | 6 | −3 | 4 | 3 |
| 6 | 4 | 9 | 8 | 7 |
| 3 | −5 | 1 | −3 | −4 |
|  |  |  |  |  |

점수　확인

걸린시간 : _____ 분 _____ 초

| 1 | 2 | 3 | 4 | 5 |
|---|---|---|---|---|
| 3 | 8 | 2 | 4 | 8 |
| 8 | 8 | 7 | 1 | 5 |
| 4 | 5 | 5 | 5 | 2 |
| 2 | 4 | 3 | 8 | 4 |
|   |   |   |   |   |

| 6 | 7 | 8 | 9 | 10 |
|---|---|---|---|---|
| 5 | 9 | 6 | 7 | 8 |
| 3 | 4 | 4 | 5 | 5 |
| 5 | 4 | 4 | 3 | 9 |
| 2 | 8 | 1 | 4 | 3 |
|   |   |   |   |   |

| 점수 | | 확인 | |
|---|---|---|---|

**제21회 가감암산** **2교시** 제한시간 : 3분

걸린시간 : _____ 분 _____ 초

| 1 | 2 | 3 | 4 | 5 |
|---|---|---|---|---|
| 5 | 5 | 6 | 9 | 7 |
| 9 | 7 | −1 | 7 | −2 |
| −3 | 5 | 9 | −1 | 8 |
| 9 | −2 | 7 | 6 | 9 |
|  |  |  |  |  |

| 6 | 7 | 8 | 9 | 10 |
|---|---|---|---|---|
| 5 | 8 | 5 | 1 | 2 |
| 2 | −3 | 9 | 5 | 6 |
| −1 | 2 | 5 | 8 | 6 |
| 8 | 7 | −3 | −4 | −3 |
|  |  |  |  |  |

| 점수 | | 확인 | |
|---|---|---|---|

걸린시간 : _____ 분 _____ 초

| 1 | 2 | 3 | 4 | 5 |
|---|---|---|---|---|
| 3 | 4 | 5 | 8 | 2 |
| 2 | 3 | 8 | −3 | 4 |
| 7 | 6 | 3 | 9 | −1 |
| −2 | −1 | −5 | 1 | 7 |
|  |  |  |  |  |

| 6 | 7 | 8 | 9 | 10 |
|---|---|---|---|---|
| 6 | 5 | 6 | 7 | 8 |
| 7 | 9 | 8 | 7 | 6 |
| 4 | 2 | −2 | 1 | −1 |
| −5 | −1 | 3 | −5 | 2 |
|  |  |  |  |  |

점수　확인

## 제22회 가암산 1교시

제한시간 : 3분

걸린시간 : _____ 분 _____ 초

| 1 | 2 | 3 | 4 | 5 |
|---|---|---|---|---|
| 4 | 3 | 7 | 8 | 2 |
| 3 | 9 | 4 | 9 | 7 |
| 5 | 4 | 3 | 5 | 5 |
| 6 | 5 | 2 | 4 | 1 |
| | | | | |

| 6 | 7 | 8 | 9 | 10 |
|---|---|---|---|----|
| 6 | 5 | 9 | 3 | 6 |
| 5 | 4 | 9 | 6 | 3 |
| 2 | 4 | 3 | 5 | 4 |
| 3 | 2 | 4 | 1 | 2 |
| | | | | |

점수 □ 확인 □

걸린시간 : _____ 분 _____ 초

| 1 | 2 | 3 | 4 | 5 |
|---|---|---|---|---|
| 7 | 6 | 5 | 9 | 4 |
| −2 | −5 | 9 | 7 | 5 |
| 8 | 6 | 5 | −1 | −3 |
| 7 | 7 | −3 | 6 | 6 |
|  |  |  |  |  |

| 6 | 7 | 8 | 9 | 10 |
|---|---|---|---|---|
| 8 | 5 | 6 | 7 | 2 |
| −3 | 8 | 9 | 1 | 5 |
| 2 | −3 | 9 | 6 | 7 |
| 7 | 6 | −3 | −3 | −2 |
|  |  |  |  |  |

| 점수 |  | 확인 |  |
|---|---|---|---|

제22회 **가감암산** | **3교시** | 제한시간 : 3분

걸린시간 : _____ 분 _____ 초

| 1 | 2 | 3 | 4 | 5 |
|---|---|---|---|---|
| 5 | 5 | 2 | 7 | 8 |
| 7 | 9 | 3 | 6 | − 3 |
| − 1 | − 1 | 6 | 4 | 8 |
| 4 | 3 | − 1 | − 2 | 2 |
|  |  |  |  |  |

| 6 | 7 | 8 | 9 | 10 |
|---|---|---|---|---|
| 3 | 6 | 9 | 8 | 7 |
| 2 | 7 | − 5 | 6 | − 2 |
| 9 | − 1 | 1 | 1 | 8 |
| − 1 | 3 | 8 | − 5 | 4 |
|  |  |  |  |  |

점수 ☐  확인 ☐

걸린시간 : _____ 분 _____ 초

| 1 | 2 | 3 | 4 | 5 |
|---|---|---|---|---|
| 8 | 4 | 7 | 3 | 5 |
| 1 | 3 | 9 | 4 | 4 |
| 4 | 8 | 5 | 2 | 5 |
| 2 | 5 | 4 | 6 | 1 |
|   |   |   |   |   |

| 6 | 7 | 8 | 9 | 10 |
|---|---|---|---|---|
| 2 | 6 | 9 | 7 | 8 |
| 4 | 5 | 4 | 4 | 9 |
| 2 | 1 | 3 | 3 | 5 |
| 3 | 3 | 5 | 1 | 3 |
|   |   |   |   |    |

<table>
<tr><td>점수</td><td></td><td>확인</td><td></td></tr>
</table>

대한 암산 수학 연구소



## 2교시

제한시간 : 3분

걸린시간 : _____ 분 _____ 초

| 1 | 2 | 3 | 4 | 5 |
|---|---|---|---|---|
| 6 | 5 | 7 | 3 | 6 |
| 7 | 9 | − 2 | 5 | 3 |
| − 1 | − 4 | 3 | 6 | − 4 |
| 8 | 6 | 6 | − 2 | 9 |
|  |  |  |  |  |

| 6 | 7 | 8 | 9 | 10 |
|---|---|---|---|---|
| 8 | 5 | 9 | 7 | 2 |
| − 3 | 9 | 6 | − 2 | 5 |
| 8 | 5 | 8 | 6 | 7 |
| 7 | − 4 | − 2 | 8 | − 1 |
|  |  |  |  |  |

점수

확인

걸린시간 : _____ 분 _____ 초

| 1 | 2 | 3 | 4 | 5 |
|---|---|---|---|---|
| 7 | 8 | 3 | 6 | 9 |
| 7 | 6 | 4 | 8 | − 2 |
| 4 | 2 | 7 | − 1 | 7 |
| − 5 | − 1 | − 2 | 2 | 2 |
|  |  |  |  |  |

| 6 | 7 | 8 | 9 | 10 |
|---|---|---|---|---|
| 9 | 5 | 7 | 5 | 8 |
| − 6 | 8 | 6 | 9 | − 3 |
| 2 | 4 | − 2 | 3 | 7 |
| 9 | − 6 | 4 | − 5 | 4 |
|  |  |  |  |  |

점수 [ ]    확인 [ ]

**제24회 가암산** **1교시**  제한시간 : 3분

걸린시간 : _____ 분 _____ 초

| 1 | 2 | 3 | 4 | 5 |
|---|---|---|---|---|
| 6 | 3 | 7 | 9 | 4 |
| 5 | 8 | 4 | 5 | 4 |
| 2 | 3 | 3 | 4 | 8 |
| 4 | 1 | 3 | 3 | 5 |
|   |   |   |   |   |

| 6 | 7 | 8 | 9 | 10 |
|---|---|---|---|---|
| 6 | 8 | 4 | 9 | 7 |
| 3 | 5 | 1 | 3 | 9 |
| 5 | 3 | 3 | 4 | 5 |
| 2 | 9 | 8 | 3 | 4 |
|   |   |   |   |    |

| 점수 | | 확인 | |
|---|---|---|---|

걸린시간 : _____ 분 _____ 초

| 1 | 2 | 3 | 4 | 5 |
|---|---|---|---|---|
| 5 | 6 | 4 | 7 | 3 |
| 4 | −1 | 5 | 9 | −2 |
| −3 | 7 | −3 | 8 | 5 |
| 8 | 8 | 7 | −4 | 8 |
|  |  |  |  |  |

| 6 | 7 | 8 | 9 | 10 |
|---|---|---|---|---|
| 9 | 2 | 8 | 7 | 7 |
| −4 | 6 | −6 | 8 | −2 |
| 9 | 6 | 5 | 9 | 7 |
| 6 | −3 | 7 | −2 | 9 |
|  |  |  |  |  |

점수　확인

걸린시간 : _____ 분 _____ 초

| 1 | 2 | 3 | 4 | 5 |
|---|---|---|---|---|
| 9 | 2 | 8 | 4 | 5 |
| −8 | 4 | −3 | 4 | 9 |
| 4 | 6 | 9 | −2 | −1 |
| 6 | −1 | 4 | 7 | 4 |
|   |   |   |   |   |

| 6 | 7 | 8 | 9 | 10 |
|---|---|---|---|---|
| 6 | 6 | 7 | 9 | 8 |
| 8 | 7 | 7 | −2 | −7 |
| −2 | 4 | −1 | 6 | 4 |
| 3 | −5 | 2 | 3 | 9 |
|   |   |   |   |   |

점수     확인

걸린시간 : _____ 분 _____ 초

| 1 | 2 | 3 | 4 | 5 |
|---|---|---|---|---|
| 4 | 4 | 7 | 9 | 6 |
| 3 | 1 | 4 | 5 | 3 |
| 2 | 3 | 2 | 3 | 5 |
| 6 | 4 | 3 | 4 | 2 |
|   |   |   |   |   |

| 6 | 7 | 8 | 9 | 10 |
|---|---|---|---|---|
| 8 | 6 | 3 | 2 | 5 |
| 3 | 5 | 2 | 9 | 4 |
| 4 | 4 | 4 | 3 | 3 |
| 5 | 5 | 8 | 1 | 4 |
|   |   |   |   |   |

| 점수 | | 확인 | |
|---|---|---|---|

제25회 **가감암산** **2교시**  제한시간 : 3분

걸린시간 : _____ 분 _____ 초

| 1 | 2 | 3 | 4 | 5 |
|---|---|---|---|---|
| 9 | 6 | 5 | 7 | 2 |
| 7 | 8 | 7 | − 2 | 6 |
| − 1 | − 2 | 6 | 6 | 6 |
| 6 | 7 | − 3 | 8 | − 3 |
|  |  |  |  |  |

| 6 | 7 | 8 | 9 | 10 |
|---|---|---|---|---|
| 3 | 5 | 8 | 7 | 9 |
| 6 | 4 | − 3 | − 2 | − 4 |
| − 4 | − 3 | 9 | 9 | 3 |
| 9 | 6 | 5 | 6 | 6 |
|  |  |  |  |  |

| 점수 | | 확인 | |
|---|---|---|---|

## 3교시

제한시간 : 3분

걸린시간 : _____ 분 _____ 초

| 1 | 2 | 3 | 4 | 5 |
|---|---|---|---|---|
| 3 | 2 | 9 | 8 | 4 |
| 4 | 3 | −7 | 6 | 3 |
| 6 | 6 | 4 | 3 | 7 |
| −2 | −1 | 8 | −5 | −3 |
|  |  |  |  |  |

| 6 | 7 | 8 | 9 | 10 |
|---|---|---|---|---|
| 5 | 6 | 7 | 3 | 8 |
| 8 | 7 | −2 | 3 | −3 |
| 4 | 4 | 6 | 8 | 9 |
| −2 | −5 | 4 | −4 | 3 |
|  |  |  |  |  |

| 점수 |  | 확인 |  |
|---|---|---|---|

정답

## 제11회

**32쪽_ 1교시**

| ① 21 | ② 17 | ③ 15 | ④ 15 | ⑤ 16 |
| ⑥ 18 | ⑦ 25 | ⑧ 17 | ⑨ 15 | ⑩ 17 |

**33쪽_ 2교시**

| ① 10 | ② 14 | ③ 12 | ④ 20 | ⑤ 14 |
| ⑥ 17 | ⑦ 24 | ⑧ 22 | ⑨ 15 | ⑩ 13 |

**34쪽_ 3교시**

| ① 11 | ② 15 | ③ 12 | ④ 15 | ⑤ 12 |
| ⑥ 12 | ⑦ 15 | ⑧ 10 | ⑨ 15 | ⑩ 15 |

## 제12회

**35쪽_ 1교시**

| ① 25 | ② 16 | ③ 19 | ④ 19 | ⑤ 15 |
| ⑥ 20 | ⑦ 20 | ⑧ 15 | ⑨ 15 | ⑩ 21 |

**36쪽_ 2교시**

| ① 19 | ② 12 | ③ 10 | ④ 19 | ⑤ 18 |
| ⑥ 14 | ⑦ 22 | ⑧ 21 | ⑨ 19 | ⑩ 20 |

**37쪽_ 3교시**

| ① 11 | ② 11 | ③ 13 | ④ 15 | ⑤ 10 |
| ⑥ 15 | ⑦ 14 | ⑧ 16 | ⑨ 14 | ⑩ 14 |

## 제13회

**38쪽_ 1교시**

| ① 14 | ② 13 | ③ 21 | ④ 17 | ⑤ 17 |
| ⑥ 15 | ⑦ 17 | ⑧ 20 | ⑨ 15 | ⑩ 17 |

**39쪽_ 2교시**

| ① 13 | ② 12 | ③ 13 | ④ 14 | ⑤ 19 |
| ⑥ 20 | ⑦ 20 | ⑧ 21 | ⑨ 11 | ⑩ 17 |

**40쪽_ 3교시**

| ① 11 | ② 11 | ③ 10 | ④ 10 | ⑤ 11 |
| ⑥ 14 | ⑦ 13 | ⑧ 15 | ⑨ 15 | ⑩ 11 |

## 제14회

**41쪽_ 1교시**

| ① 18 | ② 15 | ③ 25 | ④ 16 | ⑤ 15 |
| ⑥ 18 | ⑦ 25 | ⑧ 19 | ⑨ 20 | ⑩ 15 |

**42쪽_ 2교시**

| ① 20 | ② 19 | ③ 22 | ④ 10 | ⑤ 20 |
| ⑥ 20 | ⑦ 12 | ⑧ 18 | ⑨ 20 | ⑩ 20 |

**43쪽_ 3교시**

| ① 15 | ② 10 | ③ 11 | ④ 15 | ⑤ 10 |
| ⑥ 11 | ⑦ 15 | ⑧ 12 | ⑨ 11 | ⑩ 15 |

## 제15회

**44쪽_ 1교시**

| ① 15 | ② 17 | ③ 15 | ④ 15 | ⑤ 17 |
| ⑥ 18 | ⑦ 25 | ⑧ 16 | ⑨ 20 | ⑩ 25 |

**45쪽_ 2교시**

| ① 20 | ② 13 | ③ 20 | ④ 20 | ⑤ 22 |
| ⑥ 22 | ⑦ 14 | ⑧ 21 | ⑨ 17 | ⑩ 17 |

**46쪽_ 3교시**

| ① 15 | ② 12 | ③ 11 | ④ 10 | ⑤ 10 |
| ⑥ 15 | ⑦ 15 | ⑧ 16 | ⑨ 15 | ⑩ 13 |

## 제16회

**47쪽_ 1교시**

| ① 20 | ② 18 | ③ 15 | ④ 17 | ⑤ 19 |
| ⑥ 15 | ⑦ 18 | ⑧ 20 | ⑨ 25 | ⑩ 16 |

**48쪽_ 2교시**

| ① 18 | ② 18 | ③ 15 | ④ 21 | ⑤ 20 |
| ⑥ 13 | ⑦ 14 | ⑧ 20 | ⑨ 22 | ⑩ 20 |

**49쪽_ 3교시**

| ① 10 | ② 11 | ③ 15 | ④ 10 | ⑤ 11 |
| ⑥ 11 | ⑦ 11 | ⑧ 15 | ⑨ 10 | ⑩ 15 |

## 제17회

**50쪽_ 1교시**

| ① 18 | ② 20 | ③ 15 | ④ 20 | ⑤ 15 |
| ⑥ 25 | ⑦ 15 | ⑧ 21 | ⑨ 16 | ⑩ 18 |

**51쪽_ 2교시**

| ① 22 | ② 20 | ③ 13 | ④ 19 | ⑤ 14 |
| ⑥ 14 | ⑦ 21 | ⑧ 16 | ⑨ 15 | ⑩ 23 |

**52쪽_ 3교시**

| ① 15 | ② 16 | ③ 10 | ④ 10 | ⑤ 15 |
| ⑥ 14 | ⑦ 15 | ⑧ 15 | ⑨ 11 | ⑩ 13 |

## 제18회

**53쪽_ 1교시**

| ① 16 | ② 16 | ③ 17 | ④ 17 | ⑤ 15 |
| ⑥ 25 | ⑦ 20 | ⑧ 15 | ⑨ 19 | ⑩ 21 |

**54쪽_ 2교시**

| ① 10 | ② 14 | ③ 19 | ④ 21 | ⑤ 14 |
| ⑥ 22 | ⑦ 16 | ⑧ 22 | ⑨ 20 | ⑩ 15 |

**55쪽_ 3교시**

| ① 11 | ② 13 | ③ 15 | ④ 10 | ⑤ 10 |
| ⑥ 13 | ⑦ 15 | ⑧ 15 | ⑨ 11 | ⑩ 15 |

## 제19회

**56쪽_ 1교시**

| ① 18 | ② 21 | ③ 16 | ④ 15 | ⑤ 15 |
| ⑥ 16 | ⑦ 15 | ⑧ 25 | ⑨ 18 | ⑩ 20 |

**57쪽_ 2교시**

| ① 24 | ② 19 | ③ 21 | ④ 21 | ⑤ 20 |
| ⑥ 19 | ⑦ 21 | ⑧ 18 | ⑨ 20 | ⑩ 14 |

**58쪽_ 3교시**

| ① 15 | ② 11 | ③ 15 | ④ 14 | ⑤ 15 |
| ⑥ 10 | ⑦ 10 | ⑧ 11 | ⑨ 16 | ⑩ 15 |

## 제20회

**59쪽_ 1교시**

| ① 19 | ② 21 | ③ 15 | ④ 16 | ⑤ 13 |
| ⑥ 19 | ⑦ 16 | ⑧ 17 | ⑨ 15 | ⑩ 21 |

**60쪽_ 2교시**

| ① 21 | ② 19 | ③ 20 | ④ 22 | ⑤ 23 |
| ⑥ 17 | ⑦ 14 | ⑧ 15 | ⑨ 15 | ⑩ 13 |

**61쪽_ 3교시**

| ① 10 | ② 12 | ③ 15 | ④ 10 | ⑤ 15 |
| ⑥ 16 | ⑦ 12 | ⑧ 15 | ⑨ 11 | ⑩ 10 |

## 제21회

**62쪽_ 1교시**

① 17  ② 25  ③ 17  ④ 18  ⑤ 19
⑥ 15  ⑦ 25  ⑧ 15  ⑨ 19  ⑩ 25

**63쪽_ 2교시**

① 20  ② 15  ③ 21  ④ 21  ⑤ 22
⑥ 14  ⑦ 14  ⑧ 16  ⑨ 10  ⑩ 11

**64쪽_ 3교시**

① 10  ② 12  ③ 11  ④ 15  ⑤ 12
⑥ 12  ⑦ 15  ⑧ 15  ⑨ 10  ⑩ 15

## 제22회

**65쪽_ 1교시**

① 18  ② 21  ③ 16  ④ 26  ⑤ 15
⑥ 16  ⑦ 15  ⑧ 25  ⑨ 15  ⑩ 15

**66쪽_ 2교시**

① 20  ② 14  ③ 16  ④ 21  ⑤ 12
⑥ 14  ⑦ 16  ⑧ 21  ⑨ 11  ⑩ 12

**67쪽_ 3교시**

① 15  ② 16  ③ 10  ④ 15  ⑤ 15
⑥ 13  ⑦ 15  ⑧ 13  ⑨ 10  ⑩ 17

## 제23회

**68쪽_ 1교시**

① 15  ② 20  ③ 25  ④ 15  ⑤ 15
⑥ 11  ⑦ 15  ⑧ 21  ⑨ 15  ⑩ 25

**69쪽_ 2교시**

① 20  ② 16  ③ 14  ④ 12  ⑤ 14
⑥ 20  ⑦ 15  ⑧ 21  ⑨ 19  ⑩ 13

**70쪽_ 3교시**

① 13  ② 15  ③ 12  ④ 15  ⑤ 16
⑥ 14  ⑦ 11  ⑧ 15  ⑨ 12  ⑩ 16

## 제24회

**71쪽_ 1교시**

① 17  ② 15  ③ 17  ④ 21  ⑤ 21
⑥ 16  ⑦ 25  ⑧ 16  ⑨ 19  ⑩ 25

**72쪽_ 2교시**

① 14  ② 20  ③ 13  ④ 20  ⑤ 14
⑥ 20  ⑦ 11  ⑧ 14  ⑨ 22  ⑩ 21

**73쪽_ 3교시**

① 11  ② 11  ③ 18  ④ 13  ⑤ 17
⑥ 15  ⑦ 12  ⑧ 15  ⑨ 16  ⑩ 14

## 제25회

**74쪽_ 1교시**

① 15  ② 12  ③ 16  ④ 21  ⑤ 16
⑥ 20  ⑦ 20  ⑧ 17  ⑨ 15  ⑩ 16

**75쪽_ 2교시**

① 21  ② 19  ③ 15  ④ 19  ⑤ 11
⑥ 14  ⑦ 12  ⑧ 19  ⑨ 20  ⑩ 14

**76쪽_ 3교시**

① 11  ② 10  ③ 14  ④ 12  ⑤ 11
⑥ 15  ⑦ 12  ⑧ 15  ⑨ 10  ⑩ 17